爱上科学

Science

辑 07

123456789

My Path to Math

我的数学之路

数学思维启蒙全书

第1辑

测量 | 图表 | 几何图形 | 对称

■ [美] 保罗·查林（Paul Challen） 等 著

阿尔法派工作室 李婷 译

人民邮电出版社

北 京

版权声明

目　录

CONTENTS

测量

图表

几何图形

对称

测量

测量我

体检医生可以测量我身高的**高度**。我能测量我的脚的**长度**，也能测量我的手掌的**宽度**。

体育老师能测量我跑了多远。有很多种方式可以测量与我有关的事物！

拓展

哪些词是用来表示事物有多长的？列出一些词。

我的身高是能反映我有多高的一个测量数据。

测量方法

你可以用工具来测量，也可以像下一页的图中展示的那样，把人或物品摆在一起测量。

当然，也有一些比较笨的测量方法。比如你可以用鞋子来测量。你可以按照首尾相连的方式摆放鞋子，然后躺在鞋子旁边，这样就可以知道你与多少只鞋子连起来一样长。

谁比较矮?

度量工具

你可以用**度量工具**来测量。**米尺**以米为单位来测量，也能以厘米为单位来测量。

你可以用**卷尺**测量更长的事物。

比如，测量房间的时候就可以用卷尺。

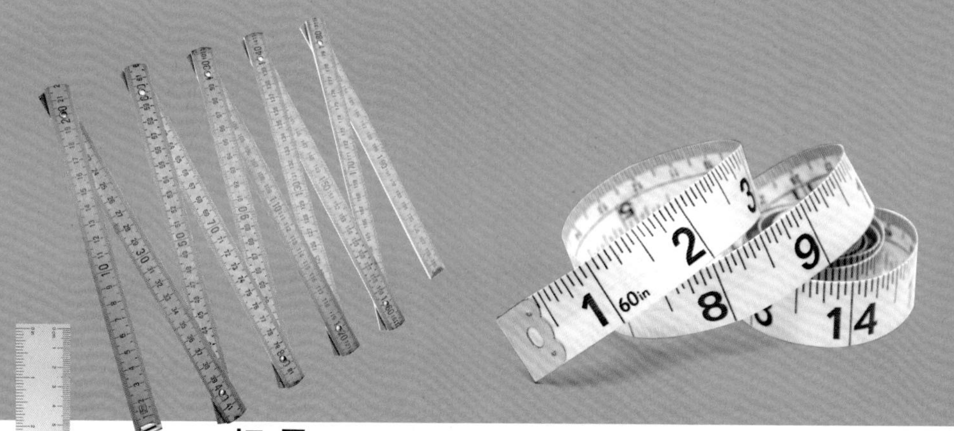

拓展

观察文具盒中的**直尺**，写出你的直尺有多长。

用直尺测量长度。

什么是质量

有时，我们想知道物体有多重。重的物体要比轻的物体有更大的**质量**。

你知道下一页的黄油和冰箱哪一个更重吗？冰箱更重，因为它的质量更大。

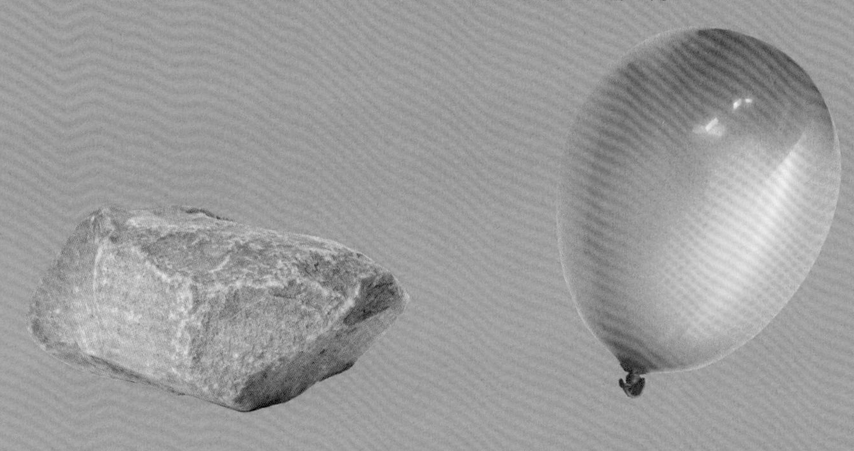

拓展

质量不是取决于尺寸的。气球和石头的尺寸几乎相同，它们的质量是相同还是不同呢？

黄油是轻的。冰箱是重的。

测量质量的工具

一种被称作**秤**的工具可以测量质量。当我站在体重秤上时，它会显示一个数，这个数就代表我的质量。

托盘天平也可以测量质量。托盘天平像一个跷跷板，一边放砝码，另一边放要称量的物体。我逐渐往托盘天平上加砝码，当两边平衡时，我便知道了物体的质量。

图中这个男孩正在用托盘天平测量物体的质量。

什么是容积

厨房里有很多测量工具。杯子能容纳像水或牛奶这类的液体，它能容纳的液体量的最大值是确定的。

物体所能容纳事物的总量便是它的**容积**。想象有两个人，他们各自拿一杯果汁。能容纳更多果汁的杯子有更大的容积。

每个人都想要容积更大、
能装更多果汁的那杯。

自己看

广口瓶和杯子的尺寸不一定相同，它们的形状也不一定相同。

比较这些瓶子。哪个瓶子容积更大？

拓展

瓶子的尺寸和形状并不相同。为什么很难看出哪个瓶子容积更大？

这些广口瓶很容易比较，因为它们的形状和尺寸相同。

测量容积

测量容积的方法之一是使用**量杯**。量杯的一侧有许多显示杯中液体总量的刻度线。

当然，现实中也有其他测量容积的工具。美国人使用茶匙、杯、**加仑**等单位来表示容积。在中国，人们一般使用国际单位制单位来表示容积。

这个牛奶壶的容积是1加仑。

你可以通过读量杯上的刻度得知杯内液体的体积。

我会测量了

我会测量，你也会测量。什么工具能测量物体有多长或多高?

你在家能够测量什么物体的质量?你是怎样知道你的体重的呢?

你在家能够测量什么物体的容积?你什么时候需要测量容积呢?

拓展

请成年人帮助你使用家里的测量工具。

用直尺和卷尺测量长度。

用秤测量质量。

术语

托盘天平（balance） 一种用来测量质量的工具。

容积（capacity） 物体所能容纳事物的总量。

比较（compare） 辨别事物的异同或高下。

加仑（gallon） 容积单位。

高度（height） 物体有多高。

长度（length） 物体有多长。

质量（mass） 物体有多重。

量杯（measuring cup） 一种用来测量容积的工具。

米尺（meter stick） 一种用来测量长度的、较长的工具。

度量工具（metric tool） 用来测量的工具。

直尺（ruler） 一种用来测量长度的、较短的工具。

秤（scale） 一种用来测量质量的工具。

卷尺（tape measure） 一种用来测量长度的、较长的工具。

宽度（width） 物体有多宽。

图表

种植园中心

米格尔家拥有一个种植园中心，他准备去那里**采访**顾客，问他们一些问题。

他想数一下人们所买的植物，想知道人们是否会买更多的灌木、树或者花。

◀ 米格尔在纸上记录下他的答案。

拓展

如果你是米格尔，你会问你的朋友和家人哪些问题？

种植园中心有灌木、树和花。

数植物

米格尔得到了问题的答案。这些答案也被称作**数据**，显示出人们买了何种植物。

他写下人们买的植物。

看一下米格尔收集到的答案。他怎样将这些答案做成**图表**呢？图表可以显示不同事物之间的联系。

顾客	**买了什么植物**
琼斯夫人	4株灌木
卡森先生	4盆花和2株灌木
林博士	2棵树和7盆花
贝克尔小姐	1棵树和2株灌木

▲ 米格尔的数据如上表所示。

顾客购买不同的植物。

图画型图表

米格尔决定制作一张**图画型图表**。图画型图表中有代表数字的图画。米格尔使用了花、灌木和树的图画。

图画型图表有**标题**，米格尔的图表的标题是“人们所买植物的数量”。图画型图表还有**标记**。

◀ 你也可以制作图画型图表！

拓展

人们买了多少棵树？

顾客购买植物的数量

顾客买了多少株灌木？图表显示了8张灌木的图画，那就意味着顾客买了8株灌木。

花

灌木

树

再数数

种植园中心里售卖袋装肥料、水壶，还有铲子类的工具。

米格尔观察谁买了水壶，谁买了袋装肥料，还数了数卖出的工具数量。

▼下表是米格尔的第二份调查，答案就是他的新数据。

顾客	买了什么东西
多德森先生	1个水壶、4袋肥料
格林女士	3个工具、6袋肥料
索利斯夫人	2袋肥料
罗斯先生	1个水壶

顾客购买他们所需要的东西。

条形图

米格尔这次不想画图画型图表了，他制作了一张**条形图**。

条形图中有不同长度的长方形，长方形的长度代表不同的数。条形图中有被称作**轴线**的一条直线。

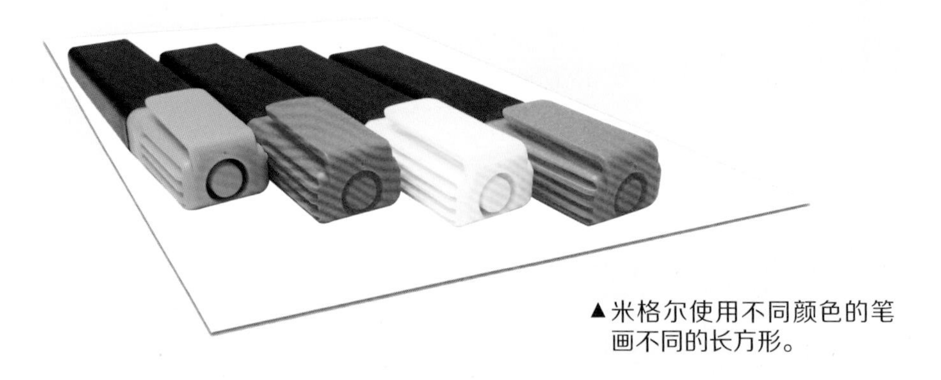

▲米格尔使用不同颜色的笔画不同的长方形。

拓展

再数数米格尔的新数据。计算出水壶的数量、袋装肥料的数量，以及工具的数量。

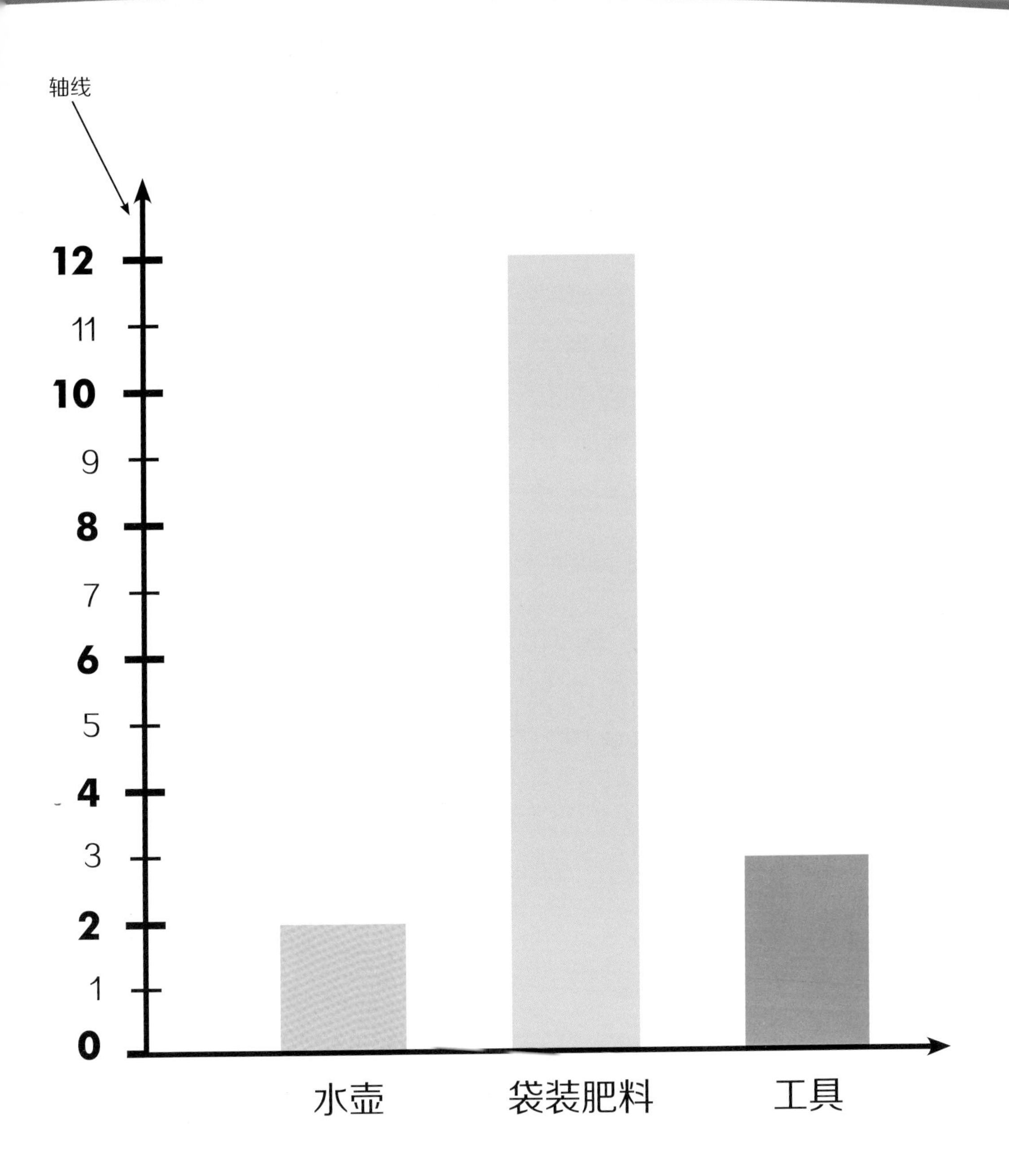

米格尔开始画条形图以展示数据。

读条形图

接下来，米格尔给条形图命名。读条形图的底部和顶部，之后看左边的数。顾客一共买了多少水壶？

下一页图中“水壶”对应的条形的顶部与2齐平，所以顾客一共买了2个水壶。

▲ 米格尔展示卖出的袋装肥料。

拓 展

如果没有卖出工具，“工具”对应的条形应该是多高呢？

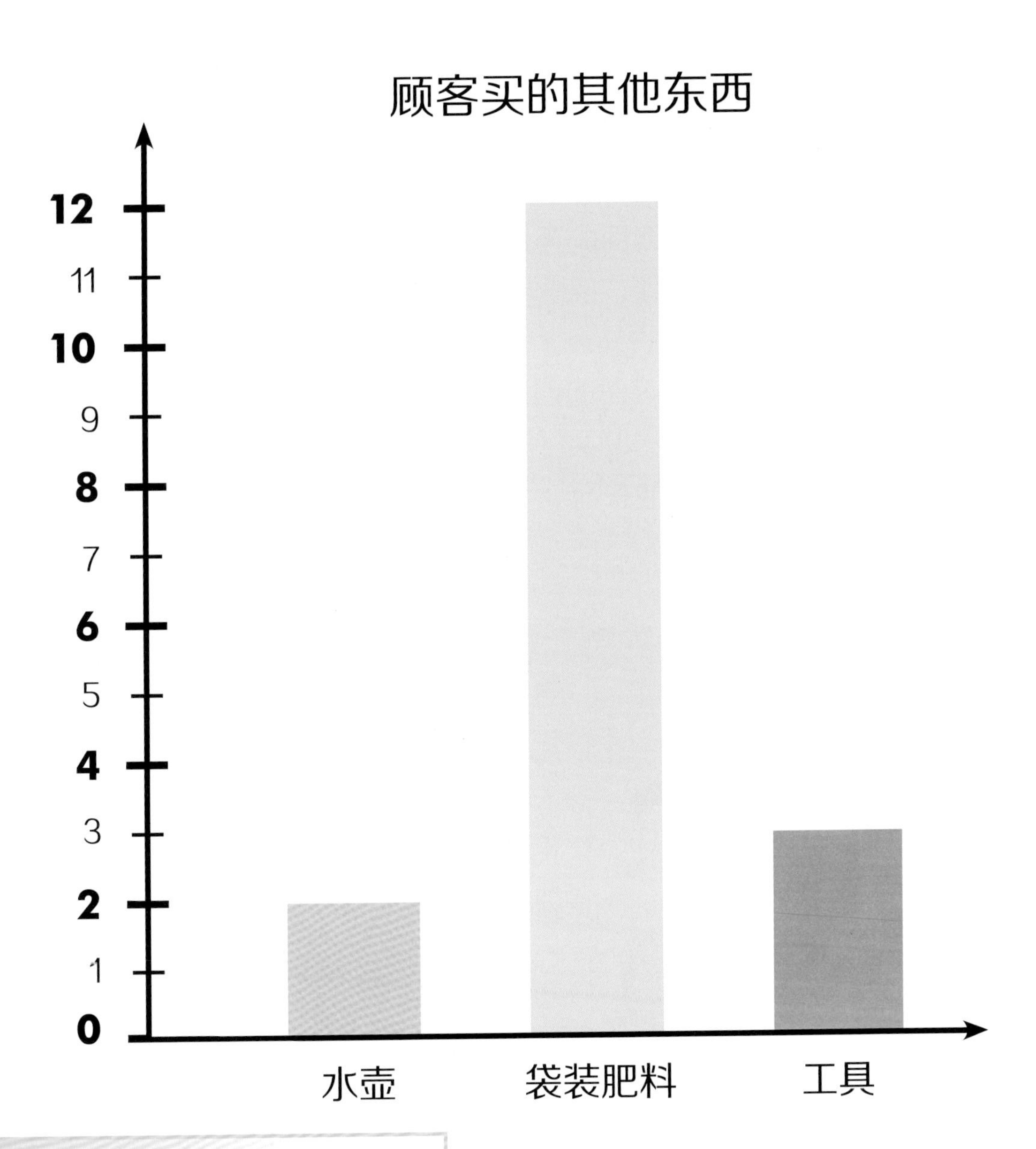

每一个条形的顶部与一个数字齐平。

新的答案

米格尔询问顾客是否买了植物或者其他东西，并写下顾客的答案，把数据汇总到一起。

顾客针对他的问题给了3种不同的答案：有的说买了植物，有的说买了除植物以外的其他东西，有的说买了植物和其他东西。

顾客	你买了植物还是其他东西
贝茨女士	其他东西
乔治先生	植物和其他东西
特纳先生	植物
汤姆夫人	其他东西
吉恩先生	植物

▲ 米格尔的新数据如上表所示。

谁买了植物?

韦恩图

米格尔制作了一张**韦恩图**。在韦恩图中，每个答案用一个圆圈表示，一个圆圈表示买植物的人们，另一个圆圈表示买除植物以外的其他东西的人们。

两个圆圈相交的那部分，意味着植物和其他东西“都”买了的人。米格尔仍然需要一个标题，他可以使用问题来作标题！

◀ 谁买了植物？看看代表植物的圆圈。

拓展

为什么下页韦恩图的中间表示乔治先生？

你买了植物还是其他东西?

植物

特纳先生

吉恩先生

“都”买了

乔治先生

其他东西

汤姆夫人

贝茨女士

这是米格尔的韦恩图。

一起看

我们学了很多关于图表的知识！所有的图表都可显示数据，使得数据易于理解。图表有标题和标记，也有数、图画或文字。

哪一张图表使用条形？

哪一张图表使用圆圈？

你怎样为图表收集数据？

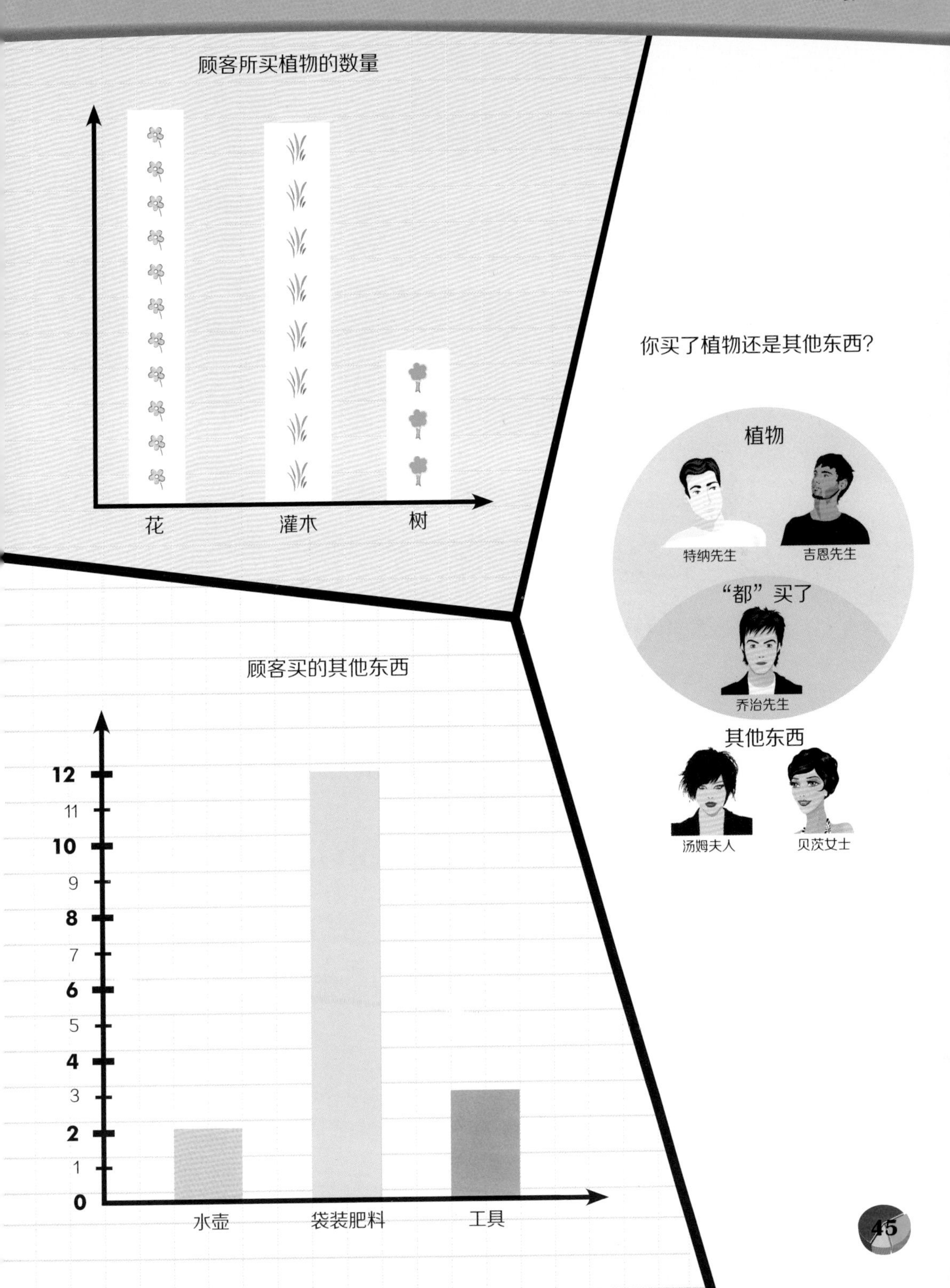
顾客所买植物的数量
花
灌木
树
你买了植物还是其他东西?
植物
特纳先生
吉恩先生
"都"买了
乔治先生
其他东西
汤姆夫人
贝茨女士
顾客买的其他东西
12
11
10
9
8
7
6
5
4
3
2
1
0
水壶
袋装肥料
工具

术语

轴线（axis） 图表中可以辅助我们阅读数据的直线。

条形图（bar graph） 使用长方形和数来展现数据的一种图表。

数据（data） 在本章中指的是在图表中展现的信息。

图表（graph） 以一种清晰的方式展现数据的图画或表格。

标记（label） 描述图表组成部分的文字。

图画型图表（picture graph） 使用图画来展现数据的一种图表。

采访（survey） 问问题来收集数据。

标题（title） 讲述图表是关于什么的文字。

韦恩图（Venn diagram） 使用圆圈来显示事物相同还是不同的一种图表。

几何图形

线

图形和线在生活中随处可见。线有不同的种类，一种是**线段**，线段不弯曲，你可以在台阶上看到许多线段。

曲线不是笔直的，会弯曲，会转变方向。

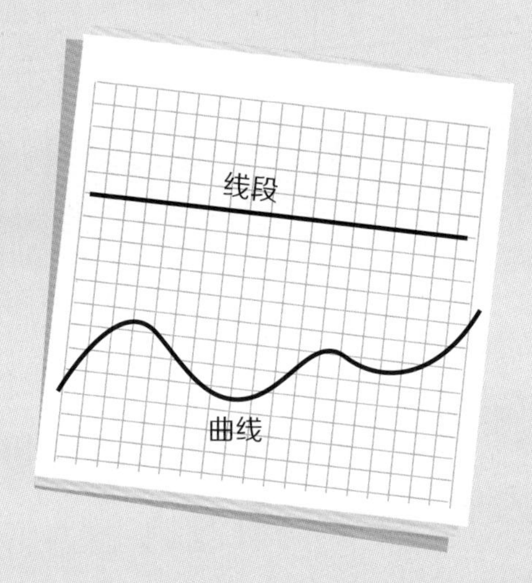

拓展

想象你的卧室有面弯曲的墙，画下它的样子。

每个台阶的顶部是一条线段。

圆

你看到的平面上的图形是**平面图形**。纸上的图形是平面图形；事物的表面，如比萨的表面，也可算作平面图形。

圆是一种平面图形，没有**角**，也没有直线。圆是由一条曲线构成的一种平面图形。

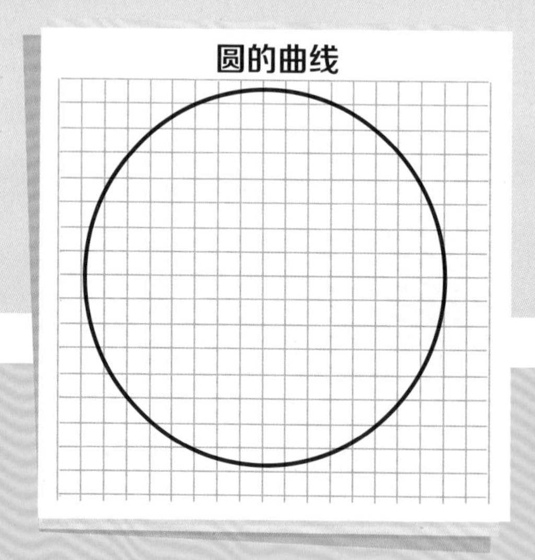

比萨以圆的形状出现。

三角形

三角形是另一种平面图形，有3条直边，有3个角。

观察下一页图片中的三角形指示牌，它的三边长度相同。但是，三角形的三边长度不一定总是相同的，也可能不同。

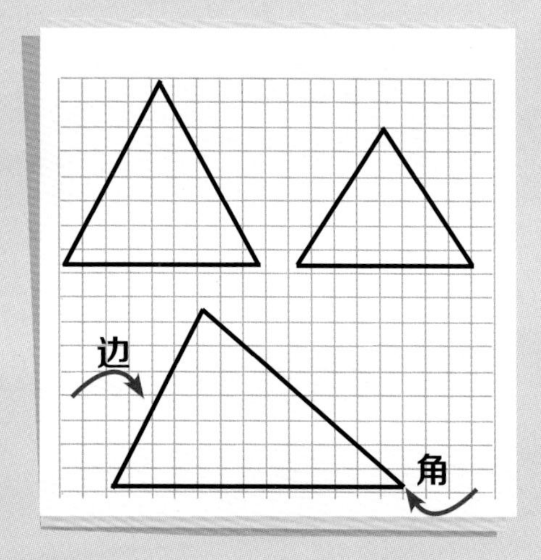

拓展

角是两条边相交的地方。上面的三角形中所含的角中哪一个张得最开？

顶部的指示牌是什么图形?

四边形

正方形和**长方形**是平面图形，它们都有4条直边，都有4个角。

正方形有4条长度相等的直边。在长方形里，**相对的**边长度相等。“相对的”意味着“在对面”。

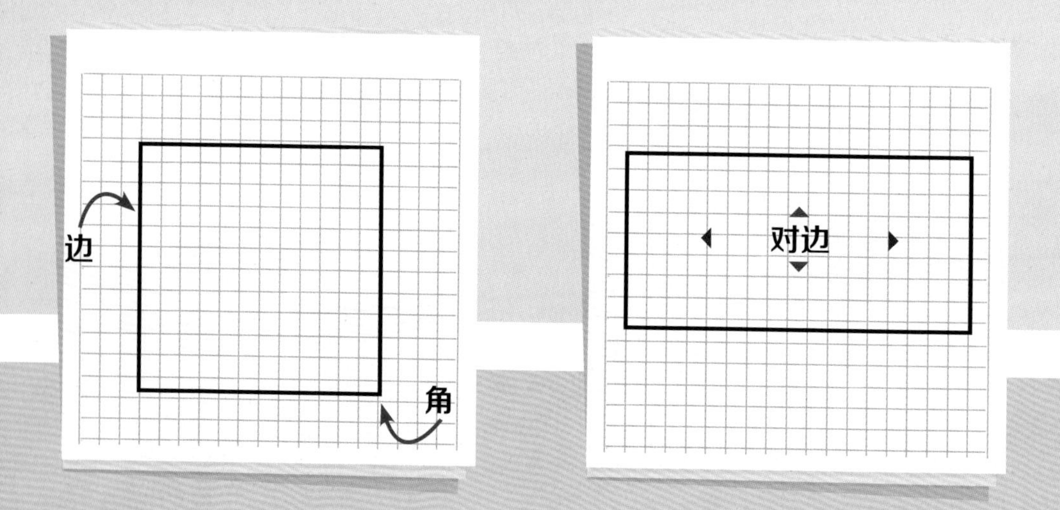

数数正方形，它们已经被标上数字了。

球体

立体图形不像平面图形那样是平的。你可以将你的手围在立体图形的四周。

球体是一种立体图形。球体的形状像一个皮球。当你玩球时，你就在玩一个球体。

球体是圆的。

圆锥体

圆锥体是一种立体图形。你曾经在马路上看见过橘色的圆锥体吗？

圆锥体的一端是一个圆，另一端汇聚到一个顶点。如果你将圆面放在地面上，圆锥体可以站稳；如果你将顶点放在地面上，圆锥体会翻倒！

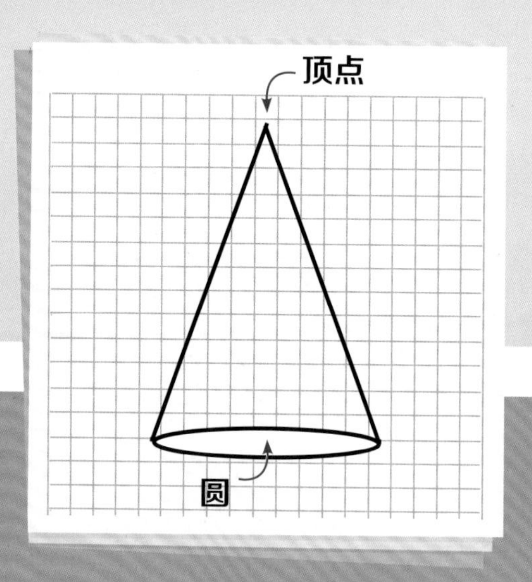

你从图中数出了几个圆锥体?

棱锥体

棱锥体是一种立体图形，它的侧面是三角形，各个侧面最终相交到一个顶点。

棱锥体像圆锥体，但并非每个方面都像。棱锥体的侧面是三角形，底面是由直边围成的图形。

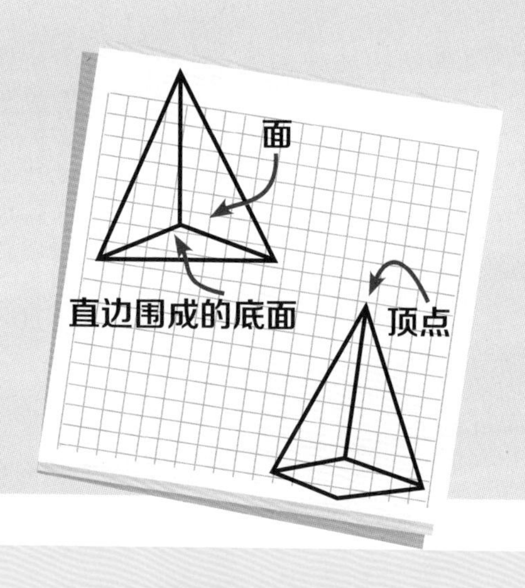

拓展

圆锥体和棱锥体在哪些方面是相同的？在哪些方面是不同的？

建筑物有很多形状。

棱柱体

棱柱体是由三面或更多面组成的立体图形。棱柱体的侧面一般是长方形。

棱柱体的两个底面都是由直边围成的图形，可能是长方形也可能是别的图形。将棱柱体的任一侧面或底面放在地面上，它都能站稳。

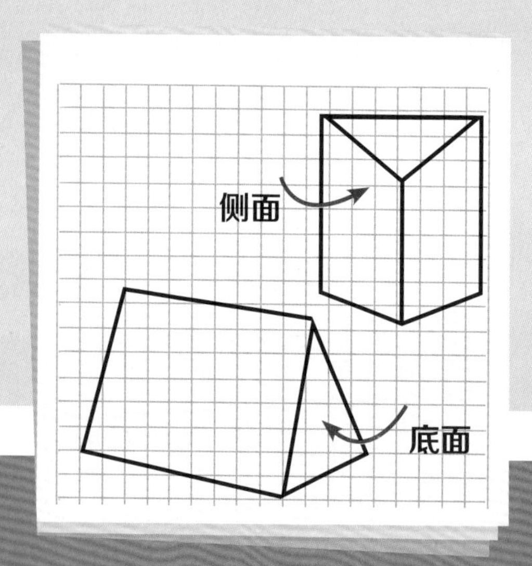

拓展

在你的家里和学校里，哪里能发现棱柱体？

高大的建筑物是一种棱柱体。

立方体

立方体是特殊的棱柱体，是有6个面且6个面都是正方形的棱柱体。

当你旋转正方形时，会发生什么情况？无论怎么翻转，它看起来都是一样的！

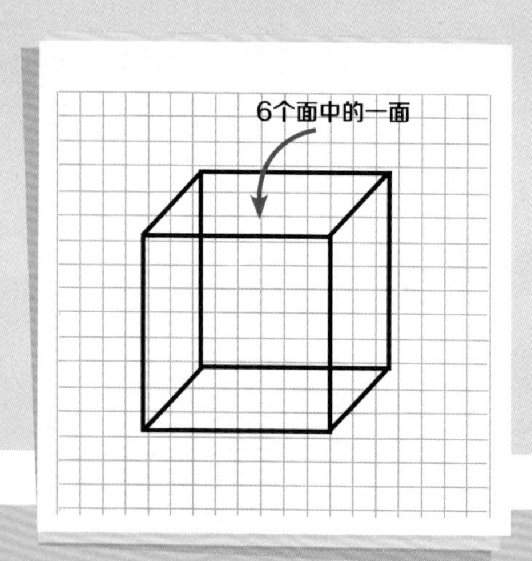

拓展

鞋盒是立方体吗？为什么是或为什么不是？

有人将一个大大的、红红的立方体设计成一件艺术品。

术语

圆（circle） 由一条曲线（圆周）所围成的一种平面图形。

圆锥体（cone） 底面是圆，对面是顶点的一种立体图形。

角（corner） 两边相交的地方。

立方体（cube） 有6个面且6个面都是正方形的棱柱体。

曲线（curved line） 有开端、末端，中间弯曲的一条线。

相对的（opposite） 互相朝着对方的；面对面的。

平面图形（plane shape） 平面上的图形。

棱柱体（prism） 三面或更多的侧面是长方形，底面是直边围成的图形的一种立体图形。

棱锥体（pyramid） 底面是直边围成的图形，对面是顶点的一种立体图形。

长方形（rectangle） 有4条边和4个角的一种平面图形。

立体图形（solid shape） 人的手可以围在四周的，具有长、宽、高的几何体。

球体（sphere） 一种圆圆的立体图形。

正方形（square） 4边相等和4角相等的一种平面图形。

线段（straight line） 有开端、末端，而且不弯曲的一条线。

三角形（triangle） 有3条边和3个角的一种平面图形。

对称

对称

尼克帮爸爸叠衣服。他在叠一件蓝T恤，先沿中间把蓝T恤折叠，然后把一边翻转，发现这一边和另一边重合，两边看起来一样。折叠后的T恤像T恤的一半。T恤呈**轴对称**。

如果事物被折叠后两边重合，这个事物便呈轴对称。

拓展

沿上图中的折痕放置一面镜子。你看到了什么？镜子的影像也能显示对称。

我们在叠衣服时，能发现包含对称的事物。

对称轴

对称轴是能使事物两边完全重合的折痕。

尼克叠了一条方巾。他沿**垂直线**折叠，方巾的两边可以**重合**；他又沿**水平线**折叠，方巾的两边也可以重合；他沿**对角线**折叠，方巾两边再次完全相同。方巾有4条对称轴。

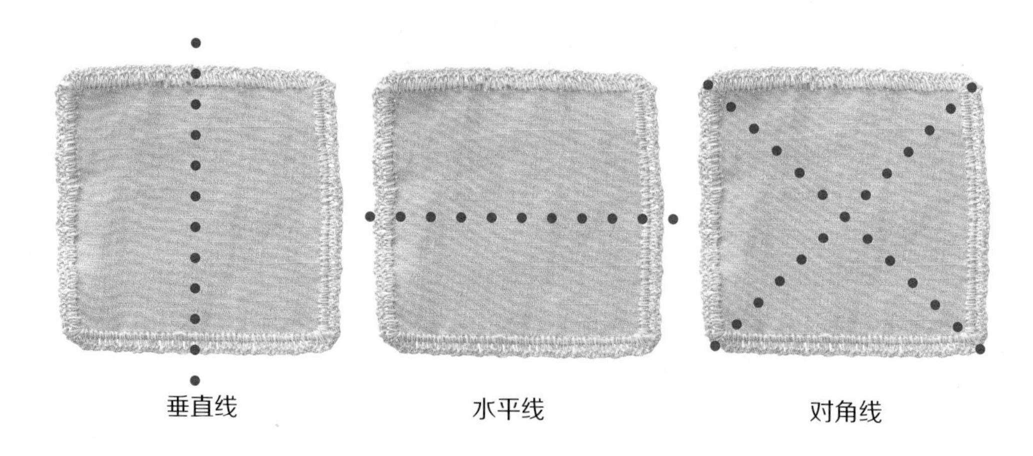

拓展

物体可以有不止一条对称轴。

尼克的面巾可以用4种方式
折叠来展示对称轴。

不对称

有时，物体不对称。尼克沿水平线折叠自己的T恤，但是两边无法重合。这条水平线不是对称轴。他又沿对角线折叠，但是两边没有重合。尼克的T恤只有1条对称轴，也就是垂直线。

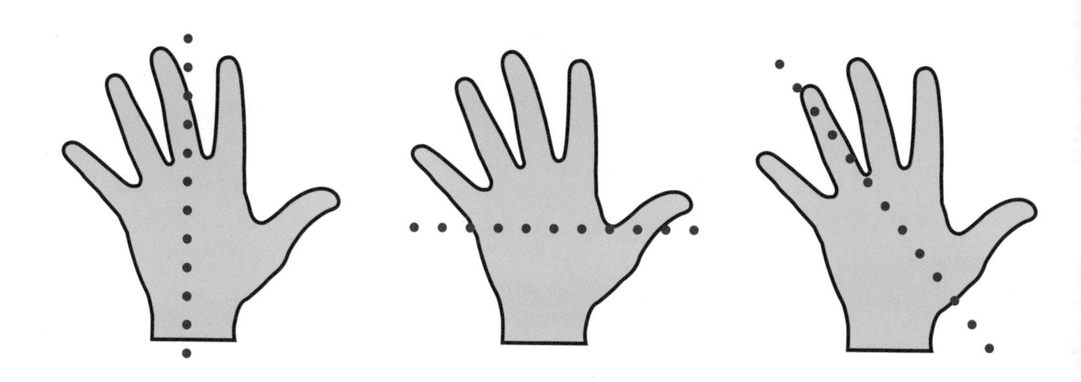

拓展

在一张纸上描出手的轮廓，然后把手的图形剪下来。尝试将垂直线、水平线或对角线作为对称轴。你的手有对称轴吗？

当尼克沿水平线和对角线折叠T恤时，T恤的两边并不会重合。

旋转

下一页图中的风扇有3条被称作扇叶的臂。风扇的扇叶缓缓转动，转动一整圈时，扇叶的图形有3次看起来是重合的。风扇呈**旋转对称**。当一个物体呈旋转对称时，它旋转少于1整圈时就会有重合的情况出现。当我们转动钟表的指针时，会发生什么？指针只有1次看起来与原先重合。钟表并未呈旋转对称。

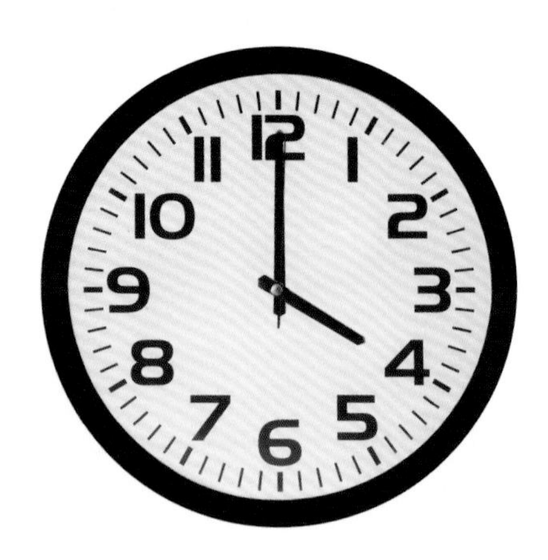

▶ 钟表未呈旋转对称，只有当指针转完1整圈时，它们才会与原先重合。

拓展

如果一个图形只有在转动1整圈后才会重合，那么它不呈旋转对称。

在一圈的旋转期间，这台风扇的扇叶图形会重合3次。

字母的对称

尼克发现，许多事物都是对称的，甚至一些字母也是对称的。他在黑板上写下一个B。尼克想象，有一条水平对称轴横穿B。字母B呈轴对称，但并不是所有的字母都是对称的。尼克尝试为字母P找到对称轴，但是并不存在这样一条对称轴。

拓展

观察字母D、H、G、T、A，哪些字母有对称轴？什么字母呈旋转对称？

在纸上或者黑板上写一些字母，它们对称吗？
2×3=6
B P
Eagle

图形的对称

尼克透过校车的窗户向外看，发现街道的标志也是对称的。停止标志（右下图）是在被称作**八边形**的图形上。八边形有8条**相等的**边和8个相等的**角**。停止标志有8条对称轴。现在，将停止标志旋转1整圈，它能重合8次，所以它也呈旋转对称。

拓展

让步标志（左上图）是什么图形？它有几条对称轴？在旋转一圈时，三角形可以重合几次？

这个停止标志呈轴对称和旋转对称。

建筑物的对称

建筑物也有对称。想象在下一页图上方的房子的中间有条垂直对称线，想象沿着折痕将两边对折到一起，房子两边将会重合。这所房子是对称的。观察下一页图中这座超高层摩天大楼。想象沿一条垂直对称轴将它折叠，大楼两边将会重合。摩天大楼也是对称的。

拓展

下一页图中左下方的这座建筑也是对称的。它的对称轴是垂直的、水平的还是在对角线上？

有些房子和摩天大楼是对称的！

自然界中的对称

尼克参观了蝴蝶中心。在里面，他看到了植物和蝴蝶。在自然界中，许多生物也是对称的。当蝴蝶合上它的翅膀时，它的两边翅膀完全重合，所以蝴蝶有对称轴。花朵也有对称轴。当我们将这朵花旋转一圈时，会有多个花朵形状与之前形状重合的地方，所以花朵也呈旋转对称。

拓展

下一页图中还有哪些东西是对称的？

自然界的许多东西都是对称的。在你下一次漫步大自然时，试着寻找对称的东西。

现在你来试试

尼克用七巧板拼出了一个图案。他先沿着一条垂直线拼出了他的图案，然后在垂直线的另一边拼出了同样的图案。尼克的七巧板图案呈轴对称。这个图案是旋转对称的吗？当他将这个图案旋转一整圈时，图案重合3次，所以尼克的图案也是呈旋转对称的。

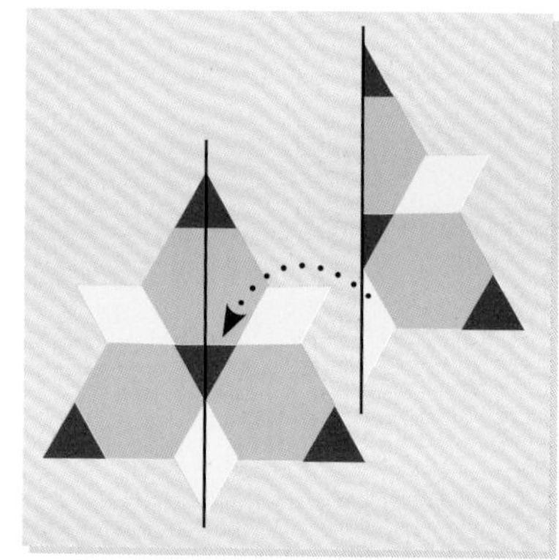

拓展

在一张纸上画一条垂直线，在垂直线的一边摆放七巧板，然后在垂直线的另一边相同位置上再摆同样的七巧板。你的图案也是对称的！

你也可以制作你自己的
对称图形！

术语

角（angle） 从一个点引出两条射线所形成的平面图形。

对角线（diagonal） 连接事物一角的顶点和不相邻的另一角的顶点的线段。

相等的（equal） 两个或者更多事物的数量或尺寸是相同的。

水平线（horizontal） 从左向右延伸的一条直线。

对称轴（line of symmetry） 可以使事物两边重合的折痕。

轴对称（line symmetry） 沿一条直线折叠后两边完全重合的图形是轴对称图形。

重合（match） 两个图形完全重叠叫作重合。

八边形（octagon） 有8条边和8个角的封闭图形。

旋转对称（point symmetry） 图形绕固定点旋转一定角度后，与初始图形重合，这种图形就是旋转对称图形。

垂直线（vertical） 从上往下沿事物中部延伸的一条直线。

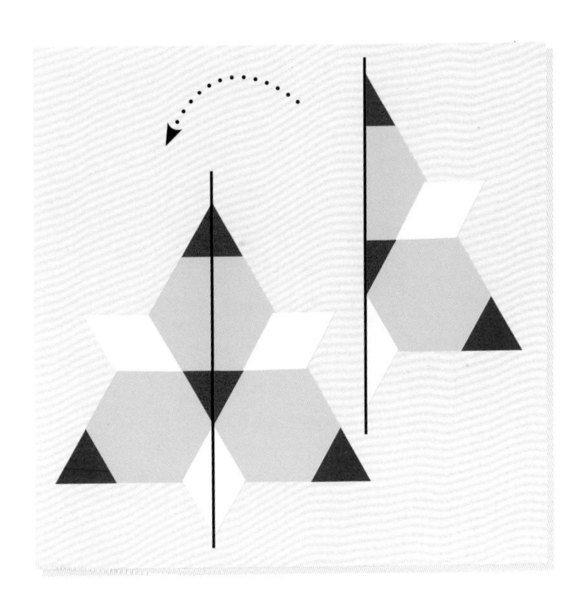

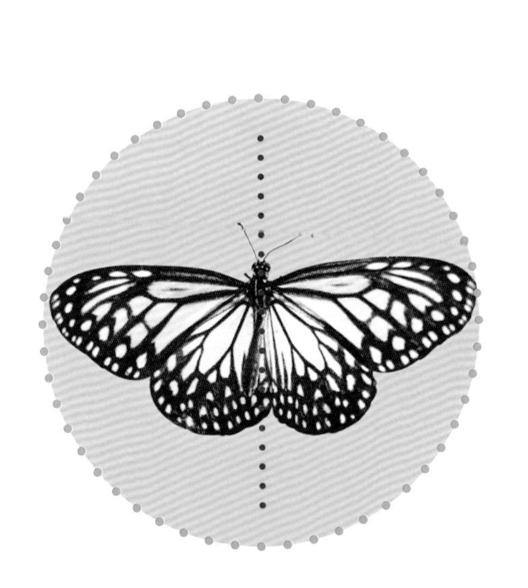